DEBUT D'UNE SERIE DE DOCUMENTS
EN COULEUR

Egypte & Palestine

NOTES DE VOYAGE

1892 - 1893

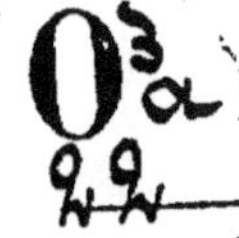

Albertville
1893
Imprimerie Hodoyer

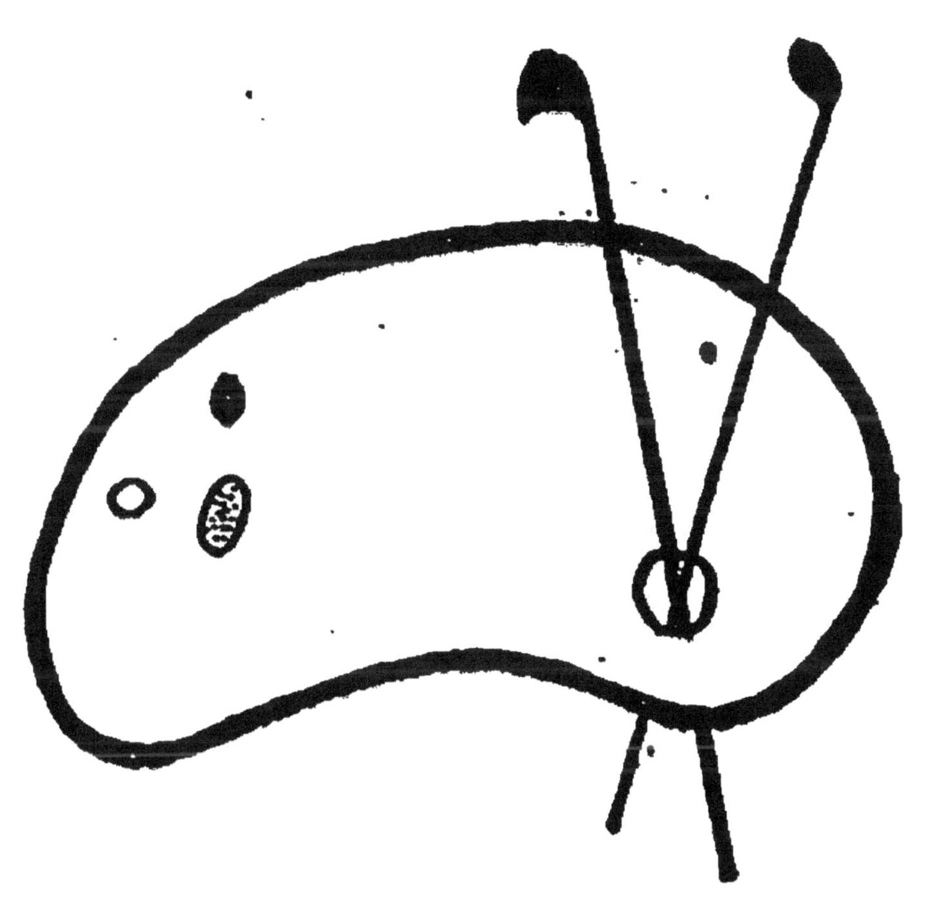

FIN D'UNE SERIE DE DOCUMENTS
EN COULEUR

Egypte & Palestine

NOTES DE VOYAGE

1892-1893

EGYPTE & PALESTINE

NOTES DE VOYAGE

1892-1893

Le trajet de Marseille à Alexandrie n'est pas précisément une promenade, c'est un petit voyage de 2,608 kilomètres.

Partis à 4 heures du soir de Marseille, nous sommes arrivés vers les 10 heures du matin à travers le détroit de Bonifacio, jusque-là par une belle mer ; mais une fois sortis de cet étroit passage, le vent s'est élevé et un roulis infernal n'a pas cessé de nous secouer : c'est surtout en traversant le groupe des îles Lipari qu'il se faisait le plus vivement sentir. On annonçait qu'au détroit de Messine il se produirait une accalmie, mais le contraire est arrivé, le vent n'a fait que redoubler de violence, au point qu'en nous mettant un jour à table, pour le dîner, comme on avait négligé de poser ce qu'on appelle le violon — huit cordes solidement attachées à la table, en long, pour retenir assiettes, verres, bouteilles, carafes, etc., — un coup de vent très violent a fait pencher le paquebot avec une telle force que tout le service de quatre grandes tables, y compris le dessert, a roulé sur le plancher où tout s'est brisé. Les passagers en ont été quittes pour manger une demi-heure plus tard.

Après cinq jours de traversée, nous avons débarqué à Alexandrie à 8 h. du matin. Les formalités en douane sont insignifiantes : on m'a demandé ma carte en guise de passe-port. et, sur ma déclaration, on n'a pas fait ouvrir ma valise. C'est grâce, dit-on, à l'occupation anglaise qu'on est aussi complaisant, contrairement à la manière des Turcs, exigeants et désagréables.

Alexandrie est une jolie ville, très animée. Les quartiers incendiés par la flotte anglaise en 1882 ont été reconstruits. On y remarque une très belle place rectangulaire, entourée de riches palais, qu'on appelle place des Consuls, en face de la bourse. La bourse est un monument très gracieux et l'étranger peut aller y lire les journaux de tous les pays dans une salle particulière. Au milieu de la place se trouve la statue équestre de Mohamed Ali, l'auteur de l'indépendance de l'Egypte.

A peu de distance d'Alexandrie se trouve la baie d'Aboukir, où — triste souvenir — la flotte anglaise détruisit la flotte française le 1er août 1798. Egalement tout près d'Aboukir, se voit l'emplacement où Napoléon, avec 6,000 hommes, battit 18,000 Turcs, tant tués que jetés à la mer, le 25 juillet 1799.

On peut en un jour visiter toutes les curiosités d'Alexandrie et commencer par la colonne de Pompée, monument très gracieux, érigé, dit-on, en l'honneur de l'empereur Dioclétien, après la victoire remportée en 296 sur Achilée. La hauteur de la colonne est de 30 mètres et sa circonférence de 9. Elle est d'un beau granit rouge poli. On voit aussi ce qu'on appelle les Aiguilles de Cléopâtre, deux obélisques de granit rose. Un seul est encore debout, sa hauteur est de 21 mètres. A observer en passant, une tour romaine, sur le bord de la mer, à moitié démolie.

Nous avons fait une jolie promenade par le tramway d'Alexandrie-Ramléh, le long de la mer. Il y a six stations dont la dernière est **San Stefano**. La construction de la ligne continue. A toutes les stations sont de coquettes habitations occupées par de riches négociants d'Alexandrie. Les jardins sont ornés des plus belles plantes équatoriales : Palmiers, Bananiers, Bougainvillea, Mimosa, etc., ces dernières en pleine floraison, au mois de décembre.

D'Alexandrie au Caire, la distance est de 210 kilomètres, qu'on parcourt, par train express, en 3 h. 30. Deux stations méritent d'être mentionnées, celle de Damanhour, gros bourg qu'on distingue de loin grâce à ses hauts minarets, et celle de **Kafr-Zayad,** qui se trouve à moitié chemin du trajet.

En s'éloignant d'Alexandrie, le chemin traverse le lac **Maréotis,** qui s'étend à perte de vue. De petits villages sont habités par les **fellahs,** dont les maisons mériteraient bien plutôt le nom de huttes ou de tanières, construites avec de la boue dans le genre de nos ruches d'abeilles. Cette population est laborieuse, active; elle n'a rien de commun avec les noirs d'Afrique, couchés comme des lézards, le dos au soleil.

Comme sur tout le parcours de la voie ferrée est

une immense plaine, sans la plus petite côte, il n'a fallu construire que fort peu de travaux d'art, sauf cependant de petits ponceaux sur d'innombrables canaux, et un pont de douze arches en fer sur la branche du Nil qui va à Rosette.

De **Benâ-l'Assal**, la dernière station, on aperçoit les deux grandes Pyramides de Ghizèh, au pied de la chaîne libyque.

Nous voilà enfin au Caire, capitale de l'Egypte, ville d'environ 400,000 habitants, la plus grande et la plus belle ville de l'Orient musulman après Constantinople. Des jardins, des plantations, des avenues qui rayonnent à partir de l'**Ezbékièh** forment des promenades ravissantes et lui donnent un charme qu'on ne trouve dans aucune autre ville de cette région. Vue du haut de la citadelle, le point culminant de la ville, avec ses maisons peintes, ses palais blancs et ses innombrables minarets, aux formes élancées, la ville présente un aspect réellement saisissant. Il n'y a guère que dans le quartier arabe, où les rues (Sharia) sont pour la plupart étroites et sinueuses; dans le quartier neuf du centre, les grandes rues ou avenues sont bordées de maisons à arcades garnies de riches magasins où tous les produits d'Europe et du pays sont exposés. La France et l'Italie sont les deux nations qui y sont le mieux représentées.

Dans les hôtels comme dans les maisons particulières on ignore l'existence et la destination des cheminées, la température ne descendant jamais au-dessous de 12 à 15 degrés, dit-on.

Dans la foule bigarrée qu'on rencontre dans les rues, on voit, à côté de l'humble fellah, le Bédouin robuste, le Juif à la mine réfléchie, le Grec actif et éveillé ; tous les types de nègres depuis la couleur d'ébène jusqu'à un teint plus clair. Les chameaux solennels et pesants ; les ânes sémillants dont les négociants et les touristes se servent pour faire leurs courses, au prix, ânes et âniers compris, de 10 sous l'heure.

Les femmes du Caire ne sont pas si coquettement vêtues que les Arabes ; outre leurs énormes vêtements sombres, elles mettent un rond en cuivre doré, espèce de cylindre creux, divisé à l'extérieur par trois rebords, attaché au front. Ce singulier ornement leur descend jusque sur le nez et sert à retenir la voilette qui leur couvre la figure au-dessous des yeux. Il en est beaucoup qui louchent et il n'est pas étonnant qu'avec un point de mire si bien placé on puisse éviter le strabisme.

Il y a plusieurs grands jardins au Caire, celui de l'Ezbékiêh est le plus important. La musique militaire y joue tous les jours et on vient d'y installer des Montagnes russes, d'importation parisienne. Petit lac, jets d'eau, petit théâtre italien, restaurant, cafés, grottes factices, etc. A remarquer surtout une collection de plantes dont quelques-unes m'étaient tout à fait inconnues et que je n'avais vues ni en Afrique, ni en Amérique, ce sont notamment : le **Bauhini variegata** et le **purpurea**, le **Morus alba**, le **Poinciana regia**, le **Dierostachis nutans**, le **Kigelia pinnata**, le **Polyalthia longifolia**, l'**Olea chrysophila**, l'**Eretrina indica**, le **Schinus terebinthifolius**, le **Terminalia popilifolia**, le **Ficus jaccifera**, le **Ficus nymphaeifolia**, le **Ficus benganensis**, etc. j'avais cependant vu celui-ci à l'isthme de Panama, où il est assez commun. Il serait trop long de décrire les nuances de leurs fleurs, ni leur feuillage, il est fâcheux qu'on ne puisse pas les acclimater en Europe pour l'ornementation de nos jardins.

Il existe deux grands Bazars au Caire, celui de Kâhn-Kalil et celui de Gouriôh, ce dernier pour les étoffes seulement. Comme à Constantinople, ils ne sont pas ouvert tous les jours. C'est un spectacle curieux que cette fourmilière de monde, guettant l'acheteur et se le disputant.

Les bains sont nombreux, comme dans toutes les villes d'Orient; ils ne diffèrent pas sensiblement de ceux de Constantinople, toutefois on y est moins durement traité, mais le système est le même.

Les cafés ne manquent pas, les principaux sont aux environs de la place de l'Ezbékiéh; ils sont généralement tenus par des grecs. Les cafés arabes sont innombrables, ils ne diffèrent en rien de ceux de la Turquie et de l'Algérie. Certains sont agrémentés d'un orchestre italien, où l'on fait de la bonne musique. En dernier lieu, il en est où l'on exécute la danse du ventre; c'est une exhibition fort peu intéressante.

Le jeune Khédive — il n'a que 19 ans — se promène en ville, en calèche ou en coupé; on le voit presque tous les jours allant de Koubbeh, son habitation, à Abdin, palais du gouvernement, où il préside le Conseil des Ministres et donne audience. Sa voiture est précédée de 4 cavaliers et 2 Saïs, et 8 cavaliers l'escortent par derrière. Il rend gracieusement les saluts qu'on lui fait. C'est réellement un beau type et il paraît très sérieux.

Saïs! Ce serviteur ne se voit qu'au Caire. C'est un grand gaillard bien découplé, vêtu d'une chemise blanche qui lui descend jusqu'aux genoux, d'une ceinture et d'un corsage dorés, pieds nus toujours. Il court en avant de la voiture de ses maîtres pour faire ranger les passants, en criant oâ; il administre au besoin des coups de cravache à droite et à gauche aux arabes ou à leurs baudets qui ne se dérangent pas assez vite. Que la voiture aille au pas ou au trot, elle ne le devance jamais, il n'est jamais essoufflé, même en courant pendant des heures entières. Les gens riches et les princes en ont toujours deux à leur service pour leurs promenades.

Au Caire, ce ne sont pas les femmes qui lavent et repassent le linge, ce sont les hommes et ils s'en acquittent ma foi fort bien.

Une fois par semaine, le vendredi, il y a des représentations des **Derviches hurleurs**; ils jouent la comédie, sans avoir l'air aussi convaincu que ceux de Constantinople. Ils ont un collège au Caire. On les reconnaît à leur grande robe noire et à leur bonnet également noir, élevé en forme de fez.

Il y a un joli théâtre, dit **Khédivial**, une véritable bonbonnière. On y joue l'Opéra français, en hiver seulement. C'est surtout **Aïda**, de création locale et de couleur Egyptienne, qui a le plus de vogue.

Nulle part, je n'ai vu autant de maladies d'yeux qu'au Caire, le strabisme est une affection commune et les aveugles sont nombreux; mais viennent ensuite les yeux blancs, pochés, tachés, crevés, enfin toutes les calamités dont cet organe si utile à l'existence peut être susceptible. On ne saurait s'en étonner quand on voit les enfants se grouper par deux ou trois dans quelque recoin de rue pour se réchauffer et passer la nuit, couchés sur la terre ou sur la pierre, n'ayant pour tout vêtement qu'une simple chemise déguenillée. Bien qu'il ne fasse pas froid au Caire, ils n'en supportent pas moins l'humidité de la nuit. Ils sont sans maître, abandonnés et errants comme les chiens de Constantinople, ils ignorent les soins de la toilette la plus élémentaire et sont d'une malpropreté idéale.

Il y a environ 300 mosquées, dont 180 à minarets, nous a-t-on dit. Celle de **Mohamed-Ali**, qui imite les grandes Mosquées de Constantinople, avec deux minarets très élevés, est une merveille d'élégance. La **Mosquée de Touloun**, dont la construction date d'un siècle avant celle du Caire, est un édifice surtout remarquable par son architecture sarrazine; c'est un grand carré d'une centaine de mètres de côté, avec un minaret très élevé, du haut duquel on jouit d'une des plus belles vues du Caire. La Mosquée du **Sultan-Assan** est considérée comme la plus belle du Caire, c'est un ouvrage du XIV⁰ siècle; on y a prodigué le marbre et l'onyx qui font le plus bel effet. Sur la tombe du fondateur de la Mosquée est placé un exemplaire du Coran, imprimé en gros caractères.

Il en existe beaucoup d'autres qu'il serait trop long d'énumérer et dont quelques-unes tombent en ruine.

On compte une trentaine d'églises et de chapelles latines, françaises, italiennes, grecques, etc., aucune n'offre d'aspect particulier. Il faut cependant faire une exception pour l'Eglise grecque, qui est riche en peintures, dorures et objets du culte; elle est plus luxueuse que la cathédrale d'Athènes, quoique celle-ci soit plus grande. On y célèbre l'office en partie double. Je m'explique : à droite, dans la nef, on chante en grec, et à gauche, en arabe. Un prêtre monte en chaire et chante l'Evangile en grec ; ensuite, un autre prêtre, à une chaire opposée, le **Mestabé** (chaire des lecteurs) chante le même Evangile en arabe.

La principale église des français est **Sainte Catherine**, dans le quartier du Mouski, desservie par les P. P. Franciscains. Là aussi, à la messe de 9 h., messe basse, on prêche en français ; à celle de 10 h., grand'messe, on prêche en italien.

Pour le culte évangélique, les chapelles ne diffèrent pas sensiblement de celles qui existent en Europe.

Les Coptes méritent une mention spéciale : ils représentent en Egypte l'ancienne religion chrétienne du pays, survivant à tant d'invasions et de catastrophes. Ils conservent leur culte, leurs traditions, leur rite. Ils ont un patriarche nommé par le vice-roi et qui habite le Vieux Caire.

Les Israélites ne sont pas très nombreux au Caire, l'état pourvoit au traitement des rabbins.

Les tombeaux des **Khalifes** et des **Mamelouks** sont en dehors de la ville, dans une plaine sablonneuse et déserte. Parmi ces monuments, on compte 8 à 10 mosquées, dont la principale est celle de **Kaït-Bey**. Le minaret peut passer pour le modèle du genre, il compte trois étages entourés de galeries ornées de sculptures d'un goût parfait et d'arabesques en relief.

Tout près de là, on visite le **Vieux Caire**, dont la mosquée d'**Amrou**, son fondateur, est la principale curiosité. Cette mosquée, la première que les Arabes aient bâtie en Egypte, est le véritable type de la mosquée primitive. Le nombre des colonnes est de 230 et la longueur des côtés est de 80 mètres. Dans la cour existe un puits entouré d'une petite margelle, dont la source communique, selon les musulmans, avec le puits **Zem-Zem** de la Mecque.

Le quartier Copte, à l'extrémité du Vieux Caire, forme une enceinte séparée, qu'on appelle **Deïr en-Nasârah**, — la maison des chrétiens — il est entouré de hautes murailles. L'église est dédiée à St Georges; on y montre avec une grande vénération une chapelle souterraine où la tradition rapporte que la Vierge Marie se retira pendant quelques jours lors de sa fuite en Egypte.

Héliopolis est à 30 minutes du Caire, par chemin de fer. C'est dans le voisinage d'Héliopolis que Kléber, le 19 mars 1800, mit en déroute, avec 6,000 Français, une armée de 60,000 Turcs que l'Angleterre avait soulevée contre nous. De l'ancienne ville, dite ville du soleil, grâce à son ancien temple qui portait ce nom, il ne reste que l'Obélisque, fort bien conservé, qui a 21 mètres de hauteur.

A quelques centaines de mètres de l'obélisque, on visite, dans un jardin appartenant à des Coptes, un **Figuier-Sycomore** énorme, sous lequel, dit la légende locale, Joseph, la Vierge Marie et l'enfant Jésus se reposèrent lors de leur voyage en Egypte. L'arbre est encore très vigoureux, son écorce est tailladée par la main des curieux; moyennant une petite monnaie, le gardien m'a cueilli des feuilles et une figue que j'ai emportées en souvenir. Dans le même jardin existe le puits dit de la Vierge, son eau est tiède.

Dans le même ordre d'idées, on fait remarquer, à la citadelle du Caire, le **puits Joseph**, que la légende fait remonter jusqu'à Joseph, fils de Jacob.

Aux environs du Caire, se trouve le village d'**Embabèh**, tous près de Boulak, où eut lieu le grand drame militaire du 21 juillet 1798, connu sous le nom de **Bataille des Pyramides**; on en a fait un camp retranché.

L'excursion aux **Pyramides** est la plus importante de celles qu'on fait aux environs du Caire. Qui n'a pas été, n'est pas monté aux Pyramides, n'a pas vu l'Egypte. On s'y rend en voiture — 16 kilom. — par une belle route ombragée de sycomores.

A mesure qu'on avance, les trois monuments semblent grandir et présentent l'aspect le plus imposant. On a émis des opinions assez bizarres sur l'origine des Pyramides, les monuments les plus anciens de l'Egypte; mais depuis qu'on a pu en visiter l'intérieur, on a reconnu qu'elles ne sont autre chose que des constructions tumulaires; elles remontent aux premières dynasties des Pharaons, environ 3,500 ans avant l'ère chrétienne. Elles imposent par leur énorme masse et forcent l'admiration. C'est la plus grande et la plus rapprochée du Caire que l'on gravit; par celle-là on peut se faire une idée des deux autres.

La montée est plus fatigante que difficile; avec l'aide de trois arabes, dont on ne peut refuser le secours, deux vous tirent par les bras, le troisième vous pousse par derrière, et encore faut-il s'aider des mains et des genoux. C'est un véritable escalier formé de gradins inégaux et très élevés qu'on ne pourrait réellement enjamber tout seul. Tant qu'aux trois aides, ils sautent d'une marche à l'autre avec une agilité surprenante.

Arrivé au sommet, on trouve une plate forme carrée d'environ 10 mètres de côté. La vue que l'on embrasse du haut de la pyramide est immense, il n'est pas de spectacle plus grandiose. La hauteur est de 137 mètres; la largeur de chacune des quatre faces, à sa base, est de 228 m.; la hauteur de la face, sur le plan incliné, est de 173 m. — la coupole de St-Pierre, de Rome, n'a que 132 m. — Le roc sur lequel repose la pyramide est à plus de 30 m. au-dessus du niveau du Nil.

La montée se fait donc comme je viens de le dire, mais la descente est bien plus fatigante; comme on ne peut pas sauter comme les bédouins, il faut se laisser glisser sur le pantalon; il me souvient d'avoir gagné à cet exercice une courbature de plusieurs jours.

Je ne parlerai pas de l'intérieur de la grande pyramide, c'est sur la face nord que se trouve l'entrée de la galerie qui conduit au centre de l'assise inférieure, il me faudrait relater de trop longs détails pour en donner une idée.

A une distance de 300 à 400 mètres de la grande pyramide, se trouve le **Sphynx**; c'est, comme on sait, la représentation colossale d'un lion à tête humaine, accroupi. La face mesure 9 mètres depuis le menton jusqu'au sommet du front; la longueur du colosse, depuis l'extrémité des pattes antérieures jusqu'à l'extrémité de la queue, est de 57 mètres. La face est en partie mutilée, il lui manque une portion du nez et des joues.

En revenant des Pyramides, on visite le fameux **Musée de Ghizet**, ci-devant de Boulak, créé par M. Mariette, savant distingué, et dirigé actuellement par M. Maspéro. Je n'ai pas la prétention d'en donner même un simple aperçu, il faudrait un volume pour indiquer les noms des statues en granit et en bois; des stèles en calcaire blanc; des objets du culte; des sarcophages, des cercueils, des momies royales; des monnaies anciennes; des scarabées, etc. 80 salles sont remplies d'une quantité innombrable d'objets représentant l'histoire d'Egypte ancienne et de l'Orient.

On gagne **Sakkarah**, qui est également aux environs du Caire, partie en chemin de fer et partie à dos d'âne. Il se dresse aux environs plusieurs pyramides, plus ou moins bien conservées et dont la plus grande a 120 mètres de face.

La grande attraction de Sakkarah est le **Sérapéum de Memphis**, qui est à 10 minutes de la grande pyramide. Il a été découvert en 1850 par Mariette. On pénètre dans deux souterrains conduisant à des galeries sur lesquelles s'ouvrent un certain nombre de chambres contenant de grands sarcophages qui ont de 3 à 4 mètres de haut sur 4 à 5 de long, et plus de 3 de large. On estime que chacun de ces monolithes doit peser de 80 à 100,000 kilos. On escalade celui qui est dans la dernière chambre, à droite, 4 ou 5 personnes pourraient se tenir assises dans l'intérieur.

Memphis a été la métropole religieuse de l'Egypte et malgré tous les efforts qui ont été faits pour l'anéantir jusqu'aux moindres vestiges, ses ruines offrent encore une réunion de merveilles qui inspirent l'admiration. On y voit encore la statue colossale de Sésostris, renversée sur le sol et mutilée dans plusieurs de ses parties, elle est ombragée par des palmiers. Elle mesure 18 mètres de hauteur, le visage est d'une belle expression.

Après avoir visité tout ce que je viens de relater, au Caire et aux environs, j'ai voulu remonter le Nil, avec des amis, jusqu'à **Assouan**, première cataracte. Assouan est à 104 mètres d'altitude des bouches du Nil, à Alexandrie. Du Caire à Assouan la distance est de 950 kilomètres. On fait ce voyage soit par chemin de fer jusqu'à **Sohag**, dernière station, et ensuite par bateau à vapeur, soit par bateau depuis le Caire.

Il pleut rarement au Caire, mais encore moins dans la haute Egypte. Là, le climat plus chaud, est d'une parfaite salubrité, le ciel est d'une pureté admirable, l'atmosphère s'y voile rarement de quelques nuages. J'ai constaté à Luxor, le 26 décembre, 28 degrés au-dessus de zéro.

Afin d'abréger le plus possible la narration des curiosités architecturales que nous avons visitées, je ne commencerai qu'à la station de **Kénèh**, d'où l'on traverse le Nil pour aller visiter le temple de **Dendérah**. Ce temple est l'un des mieux conservé de l'Egypte et les dimensions de ses 24 colonnes produisent sur le visiteur une impression que rien ne saurait faire oublier. Sa longueur est de 81 mètres et sa largeur de 34. Le portique, qui déborde le corps du temple, a 43 mètres sur 18 d'élévation intérieure. Le temple était dédié à la déesse Hator, dont la ville avait pris le nom. Il a été commencé sous les derniers Ptolémées et ne fut terminé que sous Néron. Tout près du temple et derrière, est un petit sanctuaire qui était dédié à Isis;

la déesse y est représentée sous la forme symbolique d'une vache

Esnèh est la ville que nous avons visitée ensuite. Le temple qu'elle possède est un grand monument bien conservé. Son portique, soutenu par 24 colonnes sur quatre rangées, rappelle celui de Dendérah. Les inscriptions, ainsi que les sculptures, sont d'un caractère exclusivement religieux.

Nous allons ensuite à Edfou, qui est à 30 minutes de la rive du Nil. Son grand temple n'est pas seulement un des mieux conservés, il est aussi un des plus beaux et des plus importants de la haute Egypte. Le pylône qui le précède et qu'on gravit par un escalier de 218 marches, domine toute la plaine et se voit de très loin. Ses murs extérieurs sont uniques et couverts d'inscriptions contenant d'importants détails sur l'ancienne géographie d'Egypte. Dans les inscriptions hiéroglyphiques, nous a expliqué notre drogman, le nom de la ville est Teb, d'où s'est formé le copte Atbo, devenu par la corruption arabe Edfou.

On passe ensuite à Luxor, où nous sommes restés quatre jours ; il en faudrait huit au moins pour visiter en détail toutes les antiquités. De quelque côté qu'on arrive, on voit se détacher de loin la masse imposante de monuments antiques. Le temple, presque au bord du fleuve, a été construit par Ramessés II, dit Sésostris le Grand. Le nom de Luxor est une altération de l'arabe el Koussor, les palais.

Dans l'état actuel des ruines, on remarque deux statues colossales taillées dans un seul bloc de granit rouge, très mutilées, elles ont 13 mètres de hauteur. Deux obélisques de 25 m. taillés, comme les statues,

dans un seul bloc de granit; l'un est encore debout,
sur place, l'autre a été donné à la France par Mohamed-Ali et transporté à Paris en 1836, c'est celui que
l'on voit aujourd'hui sur la place de la Concorde.
Tous les deux sont d'une exécution remarquable;
les hiéroglyphes, gravés en creux sur leurs quatre
faces, ont une pureté que le temps n'a pas altérée. La
longueur du temple est de 53 mètres. Les 14 colonnes,
sur deux rangs, ont 15 m. de haut et leur diamètre
n'a pas moins de 3 mètres.

Les ruines de **Karnak**, les plus vastes et les plus
belles de toute l'Egypte, sont à 2 kilom. de Luxor et à
500 m. environ du Nil. On y entre par l'avenue des
Sphinx, à corps de lions et à tête de femme. Plus près
de Karnak est une autre avenue bordée de sphinx à
tête de bélier, accroupis sur des piédestaux.

Je passe sur bien des détails pour arriver au **Grand
Temple.** Les constructions qui constituent l'ensemble
de l'immense édifice, à la fois temple et palais, com-
mencent par un énorme pylône qui en forme la façade.
Les deux massifs dont il se compose, à droite et à
gauche de la porte centrale, ont une hauteur de 44
mètres, précisément celle de notre colonne Vendôme.
La largeur du pylône est de 113 m. et son épaisseur
de 15 m. Cette entrée gigantesque donne une idée des
immenses proportions de l'ensemble du temple.

Ce temple, dont les parties antérieures sont très
dégradées, a 52 m. de long sur 25 de large. Perdu en
quelque sorte dans l'ensemble des constructions, il
paraît peu considérable. En avant du second pylône,
qui forme le fond de la grande cour, se dressaient deux
colosses en granit rouge de 7 m. de haut. Un seul, celui

de droite, est encore debout, quoique très mutilé; le second est abattu. La porte du fond a 21 m. de haut et donne ouverture à la Grande salle des colonnes, construite sous le règne de Séti, père et prédécesseur de Ramessés II. Cette salle est la plus vaste, dit-on, qui existe dans aucun des monuments égyptiens. Elle a 102 m. de large sur 53 de profondeur. 134 colonnes de proportions colossales supportent le plafond. 12 colonnes plus grosses que les autres y forment, sur deux rangées, une avenue centrale. Toutes ces colonnes, entièrement couvertes d'inscriptions, sont restées debout au milieu des ruines qui les entourent.

Il y a encore deux autres pylônes, à peu près de même dimension, mais dont l'état de ruine me dispense d'en parler. Dans le grand axe de l'édifice s'élevaient deux obélisques de 30 m. de haut, en granit rose, un seul est encore debout sur sa base, l'autre est à terre et brisé. Celui qui reste debout a 6 m. de plus que l'obélisque de la place de la Concorde, c'est le plus grand que l'on connaisse.

Sans m'étendre davantage sur les ruines archéologiques de Karnak, nous passons à Thèbes, qui constitue à tous égards la partie la plus importante du voyage sur le Nil.

Thèbes est à une heure de distance de Luxor. On traverse le Nil sur une barque et l'on monte ensuite à âne. Le Temple de Kournah est la première ruine que l'on rencontre en montant le long du Nil vers les tombeaux des rois. Cet édifice avait tout à fait le caractère d'un temple et d'un monument funéraire. Il a été construit sous l'invocation d'Amoun, le grand diеu thébain; il est intéressant par la pureté de ses hiéroglyphes et de ses sculptures murales.

Après le temple de Kournah, nous avons visité les **Tombeaux des rois**, dont les principaux sont au nombre de 25, on en compte en tout 47. On s'y rend par une vallée de 3 kilom.de long, environ, aride et brûlée par le soleil. Pas le plus léger signe de vie, pas la moindre trace de végétation, tout est silence comme les tombes que ncus allons parcourir.

Visiter toutes les tombes et les examiner en détail demanderait des semaines; elles n'ont pas toutes le même intérêt,il suffit de voir les principales pour avoir une idée des autres. Elles sont toutes disposées sur le même plan et ne diffèrent entre elles que par leur étendue et la richesse de leurs décorations.

Je décrirai donc la tombe du **Grand Sésostris**, qui est l'une des principales : une porte taillée verticalement dans le rocher sert d'entrée à une galerie qui pénètre dans l'intérieur de la montagne. On descend un escalier assez rapide qui s'enfonce à 7 ou 8 mètres au-dessous du sol de l'entrée; puis,on trouve un passage de 5 à 6 m.de long sur 3 m.de large, dont les inscriptions et les figures se rapportent à Séti, père de Ramessés. On passe une autre porte et l'on descend un second escalier, au bas duquel un nouveau corridor de 9 m.conduit à une chambre oblongue de 3 à 4 m. sur 4 à 5. Cette salle, aussi bien que le passage qui précède, sont décorés de scènes allégoriques. On pénètre ensuite dans une salle carrée de 8 m. de côté, dont la voûte est soutenue par quatre colonnes décorées, ainsi que les murailles, de belles sculptures, représentant une procession allégorique des quatre races du monde assistant aux funérailles du héros. Quelques marches que l'on descend conduisent à une autre salle de dimensions semblables à celles que l'on vient de quitter, mais qui n'est soutenue que par deux colonnes et dont les scènes esquissées n'ont pas été gravées. Un double passage conduit de cette salle inachevée à une chambre de 5 à 6 m. sur 4 à 5, dont les peintures se rapportent à des scènes funéraires. De cette chambre on pénètre dans une salle carrée plus grande que les précédentes et dont le plafond est supporté par 6 colonnes. A droite et à gauche est une petite chambre latérale et ensuite s'ouvre un espace transversal de 8 à 9 m. de large sur 6 environ. Le plafond est arrondi en voûte. Au centre de cette espèce de chapelle funéraire, ornée d'une profusion de sculptures, était un sarcophage en albâtre oriental, nous dit notre drogman, qui est aujourd'hui au Musée Britannique.

On a découvert récemment une nouvelle galerie par laquelle on descend très avant dans l'intérieur de la montagne, mais des éboulements survenus ne permettent pas de s'y aventurer en ce moment.

Depuis l'entrée extérieure jusqu'à l'extrémité de la galerie, la longueur est de 145 m. et la profondeur de 56 m. environ. C'est la tombe du 1ᵉʳ Ramessés, aïeul de Sésostris, qui est la plus ancienne de toutes les tombes des rois.

Telles étaient les précautions que prenaient les anciens rois d'Egypte pour cacher leur dépouille mortelle. Chaque roi, dès les premiers temps de son avènement au trône, devait s'occuper de l'endroit où l'on déposerait ses restes. On fait remarquer que celui qui régnait longtemps avait son sarcophage plus avant dans l'intérieur de la montagne, tandis que celui dont le règne fut court, n'a qu'une ou deux chambres hâtivement décorées de légendes historiques ou symboliques.

Les tombes de **Ramessés III** et de **Memnon** sont au nombre des plus vastes et offrent un très grand intérêt par la nature des sujets représentés dans les peintures. Celle de Memnon a un développement de 106 mètres.

- Un emplacement spécial est consacré aux **Tombeaux des Reines** dans ce vaste quartier des morts, on en compte en tout une vingtaine. Toutes les peintures sont à peu près effacées et il n'existe qu'un certain nombre d'inscriptions hiéroglyphiques.

En quittant les tombes, on visite **Memnonium**, ou le **Ramesseïon**, suivant une autre appellation. Ce dernier terme doit être le seul authentique puisqu'il a été construit par Ramessés II de 1407 à 1440 avant l'ère chrétienne. Le palais avait dans son ensemble une longueur de 167 m. Les colonnes sont renversées et la statue colossale de Ramessés, en granit rose, brisée; ses débris couvrent tout un côté de la cour. La statue entière, quoiqu'assise, avait 11 m. de haut, d'un seul bloc. On a calculé que son poids était de plus d'un million de kilos, 4 fois 1/2 ce que pèse l'obélisque de Luxor, qui n'est que de 229,500 kilos.

On reste confondu, en présence de telles masses, des moyens mécaniques que les Egyptiens employaient pour les transporter et les placer sur leurs piédestaux.

A peu de distance du Ramesseïon, on voit les restes de deux statues brisées d'Aménophis III.

En dernier lieu, on visite les deux colosses de Memnon, les plus célèbres et les plus connus. Ce sont deux figures assises, élevées sur un piédestal de 5 mètres. Elles ont 15 m. 60 de hauteur, en tout près de 20 mètres. C'est la hauteur d'une maison à quatre étages. L'une des deux statues est entière, quoique dégradée; l'autre a été rompue par le milieu, accident que l'on attribue au tremblement de terre de l'an 27 avant l'ère chrétienne, dont tous les monuments de Thèbes eurent à souffrir. Cette dernière statue a été refaite au moyen de blocs de grès superposés en cinq assises, tels qu'on les voit aujourd'hui.

Nous arrivons enfin à Assouan, point extrême du voyage, 9,000 habitants. Assouan est le principal marché des provenances du Soudan et de l'Abyssinie que l'on trouve aux bazars et qui offrent un certain intérêt aux voyageurs.

C'est d'Assouan qu'on va visiter l'Ile de Philae et la première cataracte, à proprement parler, les rapides.

En descendant du bateau, on arrive sur le quai où sont les ânes dont on se sert pour faire le voyage; mais comme il se présente au moins dix ânes pour chaque voyageur, c'est l'occasion de disputes, de cris sauvages et batailles entre les aniers. Pour s'assurer de ma personne, deux robustes gaillards m'ont pris à bras le corps pour me mettre sur un de leurs quadrupèdes, mais grâce à un geste de ma main droite très caractérisé sur la figure de l'un d'eux, ils ont lâché prise. Nous avons ensuite trotté vers les carrières de granit, où se trouve un obélisque ébauché resté sur place, et continué notre route jusqu'à l'Ile de Philae, où une barque nous a transporté.

L'Ile de Philae est à l'extrémité méridionale d'ilots et d'écueils qui précèdent la cataracte, les monuments dont elle est couverte en font un des points les plus intéressants de la haute Egypte et dont elle forme la limite. L'aspect de Philae, malgré son peu d'étendue, est ravissant, mais l'attention du voyageur se porte vers le **Grand Temple,** ou temple d'**Isis,** la déesse de l'île, construit sous le règne de Ptolémée. La largeur du premier pylône, formant façade, est de 39 mètres et sa hauteur de 18. Le temple est partout orné de décorations sculptées et d'inscriptions hiéroglyphiques.

Le voyageur français ne voit pas sans intérêt, ni émotion, une inscription commémorative tracée en 1799 sous la grande porte du pylône, à une quinzaine de mètres de hauteur : l'an VI de la République, le 12 messidor, une armée française, commandée par Bonaparte, est descendue à Alexandrie. L'armée ayant mis, vingt jours après, les Mamelouks en fuite aux Pyramides, Dessaix, commandant la 1re division, les a poursuivis au-delà des cataractes, où il est arrivé le 13 ventose de l'an VII.

L'arc de triomphe qui se dresse dans la partie orientale de l'île date de Dioclétien. Les deux colonnades du sud de l'île sont du temps des premiers Césars.

En quittant l'île, la même barque, moyennant un prix convenu d'avance, nous a conduit à la cataracte. Le Nil, à cet endroit, est rempli de tournants et de gouffres ; près de la rive gauche, le cours est plus égal, bien que d'une grande rapidité. Tous les écueils sont recouverts par les hautes eaux. Arrivés à proximité, les huits rameurs, de solides garnements, se dévêtissent complétement, et à une centaine de mètres, sur le point le plus élevé, se jettent dans les rapides, de la hauteur d'au moins 8 à 10 mètres, et surnagent. De petits gamins, également nus, s'y jettent aussi pour quelque menue monnaie.

Mais en revenant à la barque c'est le moment des bakchichs qui commence : on est suivi par une foule qui pousse des cris étourdissants, chaque individu veut être récompensé de ses prouesses, il n'est pas jusqu'aux mendiants qui ne vous escortent ou vous précèdent; on ne peut s'en débarrasser qu'en allégeant son portemonnaie.

Une fois à terre, on rentre à Assouan sur les baudets.

L'Ile d'Eléphantine, qui se trouve en face d'Assouan, n'a rien de particulier. La belle végétation dont elle est couverte lui a fait donner le nom de l'île fleurie. L'ancienne ville n'existe plus, un village arabe s'est formé à sa place.

C'est des environs d'Assouan que les Pharaons tirèrent les immenses monolithes taillés en statues et en obélisques et dont ils ornèrent leurs monuments. La ville est bâtie en amphithéâtre, dans une position florissante, les habitations sont ombragées de palmiers; c'est même la ville la plus agréable, la plus pittoresque de toutes celles qu'on visite le long du Nil. On pourrait y passer un mois d'hiver agréablement.

Par ce que je viens de relater, on voit combien le voyage sur le Nil est intéressant. Le Nil, sur tout son parcours, arrose ses rives où rien ne pousserait sans son eau bienfaisante. De juin à septembre, la crue est de 8 à 10 mètres; alors, tous les environs sont inondés, et cette crue est désirée par les agriculteurs. Du commencement de février à fin mai, le fleuve rentre dans son lit. C'est en décembre que nous l'avons parcouru, alors on pompait l'eau sur tout le parcours par un système assez primitif que les arabes appellent Sakièh, une roue à pots de terre mue par un bœuf ou une vache. Il existe un autre système, c'est un simple panier doublé en cuir, suspendu par une corde au bout d'une perche qu'un homme placé de côté fait mouvoir et que les arabes appellent Chadouf.

Dans la haute Egypte, la terre produit sans le concours de l'engrais, le limon déposé par l'inondation le remplace. On y cultive du blé, de l'orge, des fèves, des lentilles, le trèfle, le maïs, la canne à sucre en quantité, le coton, le dourah, espèce de millet. Il existe des raffineries de sucre assez importantes.

Le palmier abonde, et quand on aperçoit un oasis on est certain d'y trouver un village, des huttes construites en terre, sans toits véritables, simplement couvertes avec des branches de maïs ou des feuilles de palmier. Les orangers ne sont pas aussi multipliés qu'ils devraient l'être; peu d'oliviers, pas du tout de vignes, les arabes ne buvant que de l'eau.

J'ai remarqué des oiseaux rares, inconnus en Europe. Je n'en donnerai pas le nom arabe, il serait impossible de s'y reconnaître. Un entre autres, gros comme un pinson, la tête et la queue noires et le reste du corps blanc. Un autre, de la grosseur d'une grive, tout le corps bariolé en blanc, noir et rouge, avec une longue huppe jaune d'or. Et tant d'autres. Les hirondelles sont grises; les corbeaux ont la tête, la queue et les ailes noires, et le reste du corps gris; sans leur croassement, un européen ne les reconnaîtrait pas. Ces oiseaux ne se voient pas au Cairo, le corbeau excepté. Les pigeons y sont en quantité considérable et se vendent de 6 à 8 sous la paire, nous a-t-on dit; il n'est pas jusqu'aux vulgaires moineaux qui ne s'envolent par troupe à obscurcir le ciel.

Les femmes, dans la haute Egypte, sont voilées comme celles du Caire, elles ont le teint très bistré. Comme remarque particulière, elles se mettent un anneau doré à la narine droite; on dit que ce sont les filles à marier qui s'affichent ainsi! En général, elles ont une grande bouche. Quant aux hommes, ils sont surtout remarquables par leur nez en forme d'accent circonflexe.

Peu de pays offrent aux voyageurs autant d'attraits que l'Egypte, qui a été le pays le plus civilisé de l'antiquité; ses trésors archéologiques présentent un intérêt unique. Pendant les mois d'hiver, son atmosphère est plus agréable que celle d'aucun autre pays facilement accessible de l'Europe.

———

Nous quittons le Caire à regret, à raison surtout de sa douce température; j'ai passé plus de deux mois en Egypte sans avoir eu besoin d'ouvrir mon parapluie.

Du Caire à Suez, la distance est de 244 kilom. environ, franchis en 5 heures en chemin de fer, en longeant le canal depuis Ismaïlia.

Suez, située à l'entrée de la mer rouge, est une ville tout à fait moderne de 15,000 à 16,000 habitants, alors qu'elle n'en possédait que 1500 environ avant l'ouverture du canal. Il n'y a d'autres distractions dans cette ville que de se promener sur la plage sablonneuse, recouverte de coquillages peu variés, mais dont quelques-uns ne se trouvent pas en Europe. Comme la plage est immense et entièrement plate, il ne faut pas s'aventurer trop près de la mer, la marée montante arrive avec une telle impétuosité qu'on risque d'être submergé. On sait que Napoléon faillit périr de cette façon.

De Suez on prend le chemin de fer jusqu'à Ismaïlia, ensuite le paquebot poste Egyptien, sur le canal, jusqu'à Port Saïd, en tout 8 heures de trajet. Cette dernière partie du voyage n'est pas la moins intéressante. C'est un grand travail que ce canal et les Egyptiens glorifient M. de Lesseps en donnant son nom aux places, rues, etc. de leurs villes. Il est vrai qu'en ce temps de progrès il n'y a rien d'impossible à l'homme : il perce des isthmes comme il perce des montagnes ; il élève des tours jusqu'aux nuages ; il déplace avec des fils le siège des forces naturelles, et sa pensée fait le tour de notre globe en moins de trois secondes.

Le canal traverse plusieurs lacs, notamment le lac Timsah, transformé en un grand port intérieur. Il a environ 160 kilom. de long.

Port-Saïd est aujourd'hui une ville de 14 à 15,000 habitants, centre d'approvisionnement pour l'isthme et la mer rouge, et aussi pour la Syrie et la Palestine ; c'est une ville neuve qui n'existait pas avant la percée du canal. Les principales rues ont 40 mètres de largeur, et les maisons, construites à l'italienne, avec larges galeries à chaque étage, sont d'un pittoresque effet. C'est une presqu'île, sans verdure; on se demande avec quoi les habitants peuvent nourrir ânes et chèvres qu'on aperçoit dans les rues. Le port, nouvellement creusé sur la Méditerranée, est très animé et les quais sont curieux à voir. C'est là que les grands navires des Indes font leur charbon. Ce va-et-vient continuel est très intéressant. Port Saïd tire son nom de Saïd-pacha, vice-roi d'Egypte, sous lequel il fut creusé.

On s'embarque le soir vers les quatre heures pour Jaffa, où l'on arrive le lendemain dans la matinée. Le port de Jaffa a une triste renommée; malgré les plus grandes précautions, beaucoup de navires y font naufrage. Nous avons été assez heureux pour y débarquer par une mer tout à fait calme.

D'après la tradition, c'est dans le port de Jaffa que Noé construisit sa barque et, après le déluge, c'est son fils Japhet qui fonda la ville et lui donna son nom qu'on a conservé avec quelque altération. On dit aussi que c'est dans ce port que Jonas élit domicile dans le ventre d'une baleine. Les souvenirs, on le voit, ne manquent pas.

Jaffa s'élève en amphithéâtre au-dessus de la mer et présente de loin un ensemble assez pittoresque. L'intérieur de la ville est sombre et misérable; les rues sont étroites et tortueuses, mal ou pas du tout pavées; elles s'entrecroisent et forment un véritable labyrinthe. En temps de pluie, la boue atteint jusqu'à la cheville du pied, et quelle boue! Elle est un prélude pour Jérusalem.

Enfin, nous voici en chemin de fer pour Jérusalem, la ville, le but principal de tout excursionniste ou pèlerin. 87 kilom. 700 parcourus en 3 heures. Comme cette ville est à 782 m. au-dessus du niveau de la mer, on y accède par une pente très forte : la machine a de la peine à traîner trois vagons, en montant, mais en descendant on serre presque continuellement les freins. Les seuls êtres qu'on aperçoive le long de la route sont des troupeaux de chèvres noires, grimpant sur le flanc de montagnes presque arides; comme on les voit de loin, on dirait des lapins. Des villages, qui cependant existent dans la région, aucun ne s'offre à la vue, ils sont perchés sur les crêtes, invisibles. Quelques cavernes, qui abritent maintenant des renards ou des chacals, apparaissent à une certaine hauteur, on dit qu'elles ont servi à abriter les disciples du Christ après le drame du Golgotha.

C'est par la porte de Jaffa qu'on entre à Jérusalem. L'imagination fermente à l'approche de la ville sacrée! Tant de points d'interrogation se dressent ici! Tant de pages émouvantes de l'histoire du monde sont écrites sur ces murs! Où se trouve la colline du Golgotha? Où le **Mont-Moriah**, confident d'Abraham? Où le **Temple de Salomon?** Où est le **Mont Sion**, berceau d'Israël? Philosophe ou croyant, on s'adresse ces questions et bien d'autres.

Jérusalem est située sur le point culminant des montagnes de la Judée, entourée de ravins profonds et d'une enceinte fortifiée dont les murs ont plus de 30 mètres de hauteur.

Les voitures n'amènent les voyageurs qu'aux portes de la ville, elles ne peuvent pénétrer dans l'intérieur tant les rues sont étroites et tortueuses, très mal ou pas pavées, et avec des gradins formant escaliers;

des voûtes qui ne reçoivent le jour que par de faibles lucarnes, des portes basses, quelques fenêtres grillées; la nuit, ni gaz, ni lanternes, on ne peut sortir de chez soi sans inconvénient. Rien n'y rappelle Le Caire ou d'autres villes; on n'y trouve pas la moindre distraction. Jérusalem est la ville sacrée pour toutes les religions : chrétiens, mahométans, etc. On s'y distrait tristement.

Les femmes d'une situation aisée sont couvertes d'un voile blanc, agrémenté d'une profusion d'anneaux en argent ou en cuivre doré; elles portent sur le front une espèce de diadème formé de pièces d'argent et un chapelet de pièces de même métal qu'elles adaptent en guise de mentonnière. La voilette qui leur couvre la figure est percée de deux ouvertures à l'endroit des yeux, comme le faisaient nos anciens pénitents blancs. Les femmes du peuple ne se voilent pas.

Comme c'est le monument le plus important, on commence les visites par le Saint Sépulcre, sur l'emplacement du tombeau de Jésus et du Golgotha. La Basilique est une rotonde composée de trois chapelles séparées : celle des latins, des grecs et des arméniens. A l'entrée, 4 ou 5 soldats turcs gravement accroupis sur un gradin, sont les gardiens du Saint-Sépulcre, dont la jouissance est concédée par le Sultan aux communions chrétiennes. Au centre de la rotonde s'élève le St-Sépulcre, proprement dit, complètement isolé du reste de l'Eglise; il mesure environ 8 mètres de long sur 5 de large, revêtu de marbre blanc et jaune. Une porte étroite et basse donne accès dans la chapelle de l'ange. On ne peut y entrer que 3 ou 4 à la fois. La pierre carrée enchassée au milieu est, suivant la tradition, celle qui a recouvert le tombeau du Christ. Des tableaux et une quantité de lampes d'or et d'argent, entretenues par les trois rites, ornent ce sanctuaire.

Après avoir fait le tour de la rotonde, on passe devant les modestes chapelles des Coptes, des Abyssins et des Syriens pour monter vers celle où le Christ apparut à Madeleine, et ensuite à la chapelle latine de la Vierge, ou de l'apparition. Un escalier assez long descend à la **Chapelle Ste-Hélène**, aux Arméniens, elle est en partie taillée dans le roc.

En remontant, on passe devant la **Chapelle des injures**, appartenant aux grecs, où le Christ fut couronné d'épines et soufflelé, et on s'engage dans une galerie qui conduit au Calvaire, plate-forme d'environ 15 mètres carrés; elle est divisée en deux chapelles, celle du **Crucifiement**, aux grecs, et celle de l'**Élévation**, aux latins. Un treillage d'argent couvre la fente du rocher qui s'ouvrit jusqu'au centre de la terre, dit la tradition, lorsque Jésus rendit le dernier soupir.

En descendant du Calvaire, on trouve la **Chapelle d'Adam**, où l'on voit à droite et à gauche les tombeaux de Godefroy de Bouillon et de Baudoin, son frère.

L'Eglise grecque, qui forme la grande nef de l'édifice, est remarquable par son luxe, mais ses ornements ne sont pas d'un très bon goût : beaucoup de tableaux, de candélabres, etc.; le maître autel s'élève au centre; à droite et à gauche, le trône du patriarche et des dignitaires de l'Eglise grecque.

Le vendredi, à 3 heures du soir, on fait, dans les

rues, le chemin de la Croix, appelé la **Voie doulou-**
reuse; on s'arrête à 14 stations, où l'on récite un
pater, un ave et le gloria. On finit au Calvaire, dans le
St-Sépulcre. Là, on chante les litanies et autres prières.
On termine la cérémonie devant le sanctuaire. Une
vingtaine de Pères officient et une trentaine de personnes suivent.

Pendant la procession dans le St-Sépulcre, les
Arméniens et les Grecs font la même cérémonie que
les latins : ils sortent de leur chapelle et font le tour
en chantant également. Il y a un contraste entre les
voix graves des latins et les voix piaillardes, criardes
des autres. Il faut bien le dire, c'est surtout dans ce
sanctuaire que toutes les branches de la religion chrétienne devraient être d'accord, il n'en est point ainsi,
malheureusement.

Le même jour se fait la cérémonie du pardon des
Juifs. Elle a lieu dans un petit endroit, au pied du
mur du palais de Salomon. Les juifs ont un costume
à part, une calotte unique, en fourrure, un livre à la
main, récitant les lamentations de Jérémie et autres
prières, en balançant leur tête de droite à gauche
devant le mur. Les plus zélés poussent l'excès jusqu'à
pleurer à haute voix en baisant le mur, levant les bras
en l'air, sans doute pour imiter Moïse invoquant
Jéhovah au pied du Sinaï. Cette cérémonie est assez
intéressante et donne une idée du fanatisme de cette
secte. Leur quartier, bien circonscrit dans un coin
de la ville, est infect, nos boâdets à porc sont moins
malpropres.

Le samedi est le jour de la grande cérémonie religieuse au St-Sépulcre; le Consul de France, ou à

défaut son premier drogman, y assiste en grand uniforme. On fait la procession dans l'intérieur de l'édifice en chantant : O Crux Ave, mais dans un autre itinéraire que les Arméniens et les Grecs, ces derniers surtout, afin de ne pas se rencontrer dans les couloirs ou galeries, car Grecs et Arméniens font la même cérémonie. En dehors de la procession, se tiennent les incroyants qui vont là à titre de curieux, le chapeau sur la tête, grimaçant et ricanant d'une façon scandaleuse.

Ce jour-là, outre la police à l'intérieur, une compagnie de soldats turcs vient s'établir sur le parvis, l'arme au pied, pour réprimer au besoin les altercations et les rixes qui se produisent entre les fidèles des différents rites.

Nous avons assisté à une messe dite papale, chantée en musique, avec un autel dressé devant le St-Sépulcre ; tout le personnel du Consulat de France y assistait en grand uniforme, le Consul occupant un fauteuil à droite de l'autel. Après avoir encensé l'officiant, on fait la même cérémonie au Consul de France, ce qui est une marque de notre supériorité dans ces lieux. Seul notre Consul a droit à de semblables honneurs.

Après le St-Sépulcre, c'est la Mosquée d'Omar qui offre le plus d'intérêt. On n'y entre qu'avec une carte du Consul français, qui a eu l'amabilité d'envoyer son janissaire, avec mission de nous servir de guide.

Peu d'édifices allient à un si haut degré la légèreté, la richesse et la grandeur ; la coupole ogivale de la partie supérieure lui donne quelque chose de svelte et d'élégant. En pénétrant dans l'intérieur, on est frappé de la riche décoration de l'édifice. L'enceinte extérieure est octogone et une rangée de fenêtres ogivales, ornées de beaux vitraux, sans figures, sont remarquables par la vivacité des couleurs. Cette mosquée est, pour les Musulmans, l'endroit le plus saint de la terre, après la Mecque et Médine. Au centre de l'édifice s'élève, au-dessus du sol, un rocher qui occupe la plus grande partie de l'espace recouvert par la coupole et dont la surface inégale fait un contraste avec la riche décoration du temple. C'est cette roche qui est l'objet de la vénération des Musulmans : c'est de là que Mahomet se serait élevé vers le ciel. De plus, cette roche, qui nous parait si solidement assise sur le sol, est, selon eux, suspendue dans l'espace par la volonté divine et recouvre les abîmes des enfers. La roche est entourée d'une balustrade finement sculptée et de riches dorures. Cette roche, d'après des historiens, n'est autre que le sommet du Mont Moriah, qui, dans le travail de nivellement entrepris par Salomon, fut mis en relief et respecté à raison des traditions sacrées qui s'y rattachent. Comme curiosité, la mosquée contient notamment une pierre, entre deux colonnes, que le guide fait observer, elle est percée de quelques trous par où une pièce de monnaie peut passer; suivant la tradition, il suffit d'y mettre un bakchich pour monter droit en paradis. Nous ne nous sommes pas exposés à perdre pied sur terre! Bien d'autres histoires du même genre.

Entre autres choses remarquables, se trouve dans une chambre souterraine, les Mihrahs de David, de Salomon, d'Abraham; mais ce que cette chambre présente de particulier, c'est une dalle qui, frappée par le pied du visiteur, donne une sonorité claire, qui révèle l'existence d'une cavité, que les Musulmans appellent le puits des âmes et sur lequel les légendes ne manquent pas.

En face de la porte de David, s'élève un petit dôme supporté par 17 colonnes; selon la tradition musulmane, c'était l'endroit où le roi David avait son tribunal.

Nous avons visité les souterrains qu'on nomme les écuries de Salomon, ce sont de grands couloirs voûtés qui n'offrent rien de bien intéressant au visiteur.

Je ne m'étendrai pas sur la description des églises Ste-Marie Majeure, qui appartient à un monastère de religieuses; Ste-Anne, bâtie en l'honneur de la mère de la Vierge, restaurée et restituée à la France; de la Madeleine, assez bien conservée, qui forme une ogive en fer à cheval; St-Pierre, composée de trois nefs d'égale longueur et maintenant convertie en mosquée. Le couvent de St-Sauveur, principal couvent des P. P. Franciscains, dont l'église est remarquable par la richesse de certains objets consacrés au culte. Le couvent Arménien, dont l'église, dédiée à St-Jacques, est bâtie sur le lieu même de son martyre; elle est surtout curieuse par la richesse et la profusion de ses ornements. Le couvent grec, vaste et communiquant au St-Sépulcre par un passage voûté.

La piscine probatique ou piscine de Béthesda, se trouve maintenant dans la propriété des P. P. blancs d'Afrique. Cette piscine a opéré bien des miracles, suivant la tradition; il faut, pour atteindre l'eau, descendre par un escalier d'une trentaine de mètres. Elle était autrefois remplie d'eau, mais elle est aujourd'hui presque à sec.

Je ne parlerai pas de la **Citadelle**, et de la **Tour de David** qui remonte à la plus haute antiquité, ainsi que l'indiquent ses fondations, en blocs énormes; ces monuments anciens n'offrent qu'un médiocre intérêt au visiteur.

En sortant par la porte St-Etienne, on visite la **Vallée de Josaphat** et le **Mont des Oliviers**. A Gethsémani on voit un joli édifice appelé le **Tombeau de la Sainte Vierge**, en sous-sol, lieu où reposa son corps entre sa mort et son assomption. C'est fort imposant. Ce monument appartient aux Grecs.

A côté du tombeau de la Vierge, une porte basse conduit à la **Grotte de l'agonie**, où, selon la tradition, Jésus passa les heures d'angoisse qui précédèrent son arrestation.

On visite ensuite le jardin des Oliviers à Gethsémani, enclos carré dans lequel se trouve huit oliviers, vieux et toujours bien verts. On y montre aussi le rocher où les apôtres s'endormirent et où Judas trahit son maître par un baiser.

A la **montagne des Oliviers** est une jolie chapelle moderne — don d'une personne pieuse — bâtie sur l'emplacement où Jésus enseigna le **pater** à ses apôtres; aussi est-il gravé en 36 langues sur le mur de droite et celui de gauche à l'entrée du monument.

La **Mosquée de l'Ascension**, endroit où la tradition place l'ascension de Jésus - Christ, appartient aux Musulmans; mais les Latins peuvent y dire la messe le jour de la fête de l'Ascension.

Du point culminant de la vallée de Josaphat s'étend le désert de Judée jusqu'à la vallée du Jourdain; on aperçoit aussi la mer morte. La vue est plendide. Dans les terrains pierreux poussent des anémones et des cyclamens en quantité.

Le Mont du Scandale, ainsi nommé parce que Salomon y bâtit des autels à des idoles; les tombeaux d'Absalon, de Josaphat, de St-Jacques, de Zacharie, etc., n'offrent rien de bien remarquable. La Fontaine de la Vierge où, suivant la tradition, la Vierge venait laver les langes de son divin fils, est placée au fond d'une excavation, dans le rocher; elle présente des phénomènes d'intermittence très remarqués. Le puits de Job, profond d'une quarantaine de mètres, donne l'indice d'une bonne récolte quand il jaillit en janvier.

Le monument des Apôtres, où, selon la tradition, les apôtres auraient cherché un refuge après l'arrestation de Jésus-Christ. La tradition y place la première assemblée des apôtres le jour de la Pentecôte. C'est là que le feu du St-Esprit descendit sur ceux qui allaient répandre la bonne parole. Le Tombeau de David, sur l'emplacement de l'ancienne église des apôtres et à l'extrémité du Mont Sion.

Près de la porte de Sion est un petit couvent arménien qui passe pour la maison de Caïphe. On y montre la prison du Christ, le lieu où St-Pierre renia son maître et même la place où le coq chanta.

On sort par la porte de Damas pour aller visiter les Tombeaux des Rois. Il faut se munir d'une chandelle pour entrer dans les caveaux; ce sont des chambres souterraines dans le genre des tombeaux de Thèbes, mais moins profondes et où la chaleur est suffocante. C'est la propriété de la France.

Toujours aux environs de Jérusalem, on va en Béthanie, visiter le Tombeau de Lazare, ressuscité par

Jésus. On descend un escalier assez étroit et à côté de la grotte ouverte est encore la pierre qui couvrait le tombeau. C'est dans un village assez pauvre d'une vingtaine de maisons, où demeurait Lazare avec ses sœurs Marthe et Marie. Suivant la tradition, c'est de ce village que Jésus-Christ partit pour faire son entrée triomphale à Jérusalem, le jour des Rameaux.

C'est par la porte de Jaffa qu'on va à Bethléem ; ce trajet nécessite une heure de voiture. On laisse à gauche le mont du **Mauvais Conseil**, sur la plaine des Géants. C'est là où David battit les Philistins ; on montre l'endroit où il prit la pierre avec laquelle il tua le géant Goliath, à l'aide de sa fronde. Un peu plus loin, nous trouvons le **puits des trois rois**, où l'étoile apparut de nouveau aux Mages pour les conduire à Bethléem. Puis, au bord de la route, le **Tombeau de Rachel**, petit monument carré, surmonté d'un dôme.

Bethléem est situé à 822 mètres au-dessus du niveau de la mer, sur une colline riante, couverte de vignes et d'oliviers. La population se livre à la fabrication des croix, des chapelets et autres objets de dévotion. En arrivant, on est assailli par une nuée de fabricants qui offrent leurs marchandises, ou l'adresse de leurs boutiques ; il faut une patience de Bénédictin pour ne pas essayer la solidité de sa canne sur leurs épaules. La rue principale est étroite et tortueuse et la propreté est loin d'y régner. Le cimetière empiète sur la grande place, devant l'**Eglise de la nativité**.

On entre dans cette église par une petite porte, une sorte de trou, en se baissant à moitié. Le trou franchi, on se trouve dans un grand hall, dont quatre colonnes supportent la toiture en charpente aux poutres apparentes. Des gens accroupis causent ou fument, des enfants jouent, des femmes allaitent. Les marchands offrent leurs chapelets et autres objets de piété. C'est dans la nef de la basilique de Ste-Hélène qu'on traite les choses avec tant de sans façon. Les Grecs, avec leur fanatisme ordinaire, ont séparé la nef du chœur par un mur blanc qui fait le plus mauvais effet.

Après avoir franchi les trois marches qui, de la nef montent au transep, on descend un escalier pour pénétrer dans la **Grotte de la Nativité**, qui occupe l'emplacement de l'étable et de la crèche; elle mesure à peu près 12 mètres de long sur 5 de large et 3 de haut. Les parois sont revêtus de marbre, ainsi que le pavé de la grotte. La place qu'on donne pour être celle de la naissance de Jésus est indiquée par une grande étoile d'argent, fixée au sol, sur laquelle on lit : **Hic de Virgine Maria Jesus Christus natus est.** A quelques pas, à droite, se voit l'endroit de la crèche (qui est maintenant, on le sait, à la basilique de Ste-Marie majeure, à Rome) et où se tenaient les mages. Une quantité de lampes et de tableaux ornent ce sanctuaire.

Après avoir passé par des corridors souterrains, dont les latins ont seuls les clés, on visite la chapelle de St-Joseph; celle des Saints Innocents, sur l'emplacement supposé où Hérode fit immoler 20,000 enfants; le tombeau de St-Jérôme, etc.

L'église est entourée des couvents des trois principaux rites chrétiens : les Latins, les Grecs et les Arméniens. Des soldats turcs montent la garde dans chaque sanctuaire, en bâillant ou en dormant; leur consigne est de maintenir la paix et la concorde entre les trois rites, car les Grecs, avec leur violence ordinaire, ont prodigué souvent des coups de couteaux et de bâtons à leurs adversaires, et ceux-ci se sont défendus de même, naturellement. Dans une rixe récente, un moine Grec a été assommé par les Latins, il en est mort le lendemain. Les trois cultes ont leurs possessions très délimitées dans ce sanctuaire, ainsi du reste qu'à Jérusalem et ailleurs, en Terre-Sainte.

Les innombrables lampes qui encombrent la grotte sont comptées, chaque culte a les siennes et les entretient; que l'un vienne déranger la lampe de l'autre, c'est pour le moins une rixe, sinon un incident diplomatique. L'étoile dont nous parlons ci-dessus est neutre, mais entretenue par les grecs, les autres chrétiens ne peuvent y toucher.

Bethléem n'a point d'hôtel, on loge chez les P. P. Franciscains, où la porte est ouverte aux philosophes, aux protestants comme aux catholiques; on ne demande ni acte de baptême, ni passeport; tous les voyageurs sont bien reçus, l'hospitalité est large et gratuite; mais il est évidemment de bon goût de laisser, en quittant le couvent, une offrande proportionnée au séjour.

La mission de l'ordre de St-François est double en Palestine; seul, entre tous les ordres catholiques, il a le privilège de la garde des Lieux-Saints, et la tâche de prendre soin des pélerins, de les loger, de les nourrir et de les guider. Partout, dans les principales villes, il y a des couvents ouverts comme à Bethléem.

A Bethléem, les femmes ne se voilent pas la figure; elles présentent d'assez beaux types, aux traits réguliers et assez fins; on dirait qu'elles ont été toutes fabriquées dans le même moule; leurs mœurs sont sévères, certains récits qui nous ont été faits le prouvent bien. Les femmes mariées ont une coiffure un peu élevée et celles qui attendent un époux n'ont qu'un voile sur la tête. Cette distinction paraît au premier abord assez insignifiante, elle prouve néanmoins un certain tact qu'on ne rencontre pas dans d'autres pays.

A peu de distance de l'église de la Nativité, on voit la Grotte du lait, ainsi nommée parce que la Vierge s'y serait reposée souvent quand elle nourrissait l'enfant Jésus. Les femmes qui allaitent difficilement y vont en pèlerinage.

De Bethléem, il faut revenir à Jérusalem pour se rendre à Jéricho et à la mer morte. En partant à 7 heures du matin, on arrive à Jéricho vers les 4 à 5 h. du soir, en s'arrêtant une heure au Mont Moriah pour le déjeuner apporté par un muletier ou un chamelier. Le voyage se fait en trois jours, à cheval. On rencontre sur la route des caravanes de 30 à 40 chameaux, semblables à des chapelets, guidées par des conducteurs à figures de brigands, armés jusqu'aux dents, ce qui prouve bien que la route n'est pas très sûre. Les bergers eux-mêmes ont un fusil sur l'épaule en guise de fouet. Quand une caravane se met en route, le guide prévient l'administration qui envoie des soldats, à cheval, bien armés, pour l'accompagner. Pour nous, qui n'étions que quatre, nous en avions un devant et un autre derrière. Il en était de même pour une autre petite caravane qui nous suivait. Pauvre pays!

La route, du côté de Jérusalem, est très avancée, on y travaille, mais elle n'est pas encore carrossable. Avant d'arriver à Jéricho on rencontre de profonds ravins, il faut descendre de cheval pour les traverser.

Jéricho n'est pas même un village : 15 ou 20 niches de bédouins et 5 à 6 maisons bâties à l'européenne. Comme ce point est à 392 mètres au-dessous du niveau de la mer, il y fait très chaud. On y trouve, Dieu merci, un hôtel assez confortable.

Le trajet de Jéricho au Jourdain, demande deux heures, à cheval, en traversant une plaine de sable; on stationne au lieu dit des Pélerins, endroit supposé où Josué traversa le fleuve avec le peuple d'Israël, et où St-Jean baptisa Jésus-Christ. On y célèbre la messe sur un autel improvisé, sous une tente, le tout apporté de Jérusalem dans une caisse sur le dos d'un chameau ou d'un mulet. On déjeûne ensuite sous la même tente, par terre, et on se met ensuite en route pour la mer morte, 1 h. 1/2.

Le Jourdain est un torrent assez rapide, de 20 à 30 mètres de large, il est bordé de tamaris; son eau est boueuse. En été, il est guéable, nous a-t-on dit.

La mer morte est profonde d'environ 400 mètres, son eau est détestable. Si l'eau des autres mers contient 4 % de sel, celle de la mer morte en contient 26 %. Sa pesanteur dépasse d'un cinquième celle de l'océan, aussi est-il impossible de s'y noyer. Des voyageurs ont tenté l'expérience d'un bain, ils se sont convaincus de l'extrême résistance de l'eau. Elle est comme gluante et on ne peut se sécher sans s'être lavé dans l'eau douce. Les poissons ne peuvent y vivre, ceux du Jourdain qui s'y aventurent, périssent immédiatement.

De la mer morte on rentre à Jéricho en 2 h. 1/2. Nous avons beaucoup souffert en route de la chaleur—c'était le 16 février — et surtout des mouches. Ce pays, l'ancienne terre promise, est lamentable et, suivant l'expression familière, on n'y rencontre pas un chat. A droite, en allant au Jourdain, du côté de la mer morte, est un couvent grec; tout près du Jourdain, on aperçoit, à gauche, un autre couvent, également grec, et c'est tout. Tout le reste de la plaine est un immense désert de sable. Suivant la prophétie d'Elisée, c'est un pays maudit.

Comme couvent grec, les guides en font remarquer un autre, non éloigné de Jéricho, sur la route de Jérusalem, installé dans l'endroit le plus sauvage, le plus inhabitable que l'on puisse voir. Les moines qui l'occupent sont là pour faire pénitence; leur nourriture, nous a-t-on dit, consiste habituellement en du pain et des herbes, et en carême, en du pain et du sel!

Au-dessus et au nord de Jéricho, se dresse le **Mont de la quarantaine**, ainsi nommé par la tradition et où Jésus jeûna pendant quarante jours. Il s'élève à pic et on ne peut le gravir qu'à pied et non sans fatigue. Au pied de cette montagne, se trouve la fontaine d'Elisée, ainsi appelée du nom du prophète qui l'a fait surgir, fontaine miraculeuse, par conséquent.

De Jéricho on rentre à Jérusalem par la même route sauvage et l'on ne voit, en guise d'arbres, et pour tout ombrage, que les poteaux télégraphiques. Par contre, on se rattrape sur la poussière que soulèvent les montures.

Pour finir ce petit récit, il me reste à parler un peu de nos compatriotes dans ces pays encore peu civilisés. Les P.P. Franciscains sont ceux qui tiennent le plus de place et qui font le plus de bien, leurs couvents sont ouverts à tout le monde, on y est logé et nourri, le tout à l'avenant. Ils ont fait construire à Jérusalem une école professionnelle, où ils ont créé les principales industries ; les jeunes gens, libres dans leurs pratiques religieuses, y apprennent tous les métiers : imprimeurs typographes et lithographes, serruriers, tapissiers, ciseleurs, sculpteurs, tailleurs, boulangers, cordonniers, etc. Tous les ateliers sont dirigés par un Père qui enseigne un métier spécial. Cette création est l'avenir du pays et les jeunes gens y prennent goût. Ils sortent généralement de l'école des Frères et parlent français.

Une autre corporation est bien digne aussi d'intérêt, je veux parler des Frères des écoles chrétiennes; grâce à eux, on rencontre dans les rues des villes de l'Orient des jeunes gens qui accostent poliment le voyageur français et parlent sa langue, et comme on leur demande où ils ont appris le français, ils répondent : j'ai été élevé par les Frères. On trouve partout ces infatigables propagateurs de notre nom et de notre langue et partout ils les font aimer et respecter. Le gouvernement français soutient bien quelque peu ce qu'on appelle les « Ecoles d'Orient » dans leur tâche patriotique, mais si les dons privés ne leur venaient pas en aide, ils ne pourraient évidemment pas se suffire.

Je ne dois pas oublier le frère Luc, qui nous a servi de guide dans toutes nos visites d'une manière aussi intelligente qu'agréable. Ensuite la bonne société que j'ai rencontrée en route : des compatriotes du meilleur monde, une charmante famille italienne, etc., tout a contribué à rendre ce voyage très agréable.

Ce qui rebute le plus les gens qui entreprennent ce voyage, c'est le parcours sur mer, que beaucoup de personnes n'osent affronter ; seulement, il faut tenir compte d'une distraction qui a bien son mérite, on passe presque la moitié du temps à table. Ainsi, de 7 à 8 heures du matin, thé, café au lait ou chocolat, avec tartines de beurre ; à 10 h., déjeuner très confortable de 4 à 5 plats, dessert, café et liqueurs ; à 2 h., thé complet, ou bière, à volonté ; à 6 h., dîner des plus copieux, avec café, liqueurs, etc. ; à 8 h,, thé complet. Comment, dans ces conditions, ne pas supporter roulis et tangage !

Il faut ajouter que pour commencer et finir le voyage, nous sommes maintenant favorisés de wagons sur le P.-L.-M. très supérieurs à tous ceux des autres nations, comme luxe et confort ; les voitures des trains rapides sont pourvues d'un couloir et réunies entre elles par une communication abritée ; on peut circuler d'un bout à l'autre du train, se rendre au wagon-restaurant, sans avoir à descendre en route, Ces nouvelles voitures, belles d'aspect, commodes, admirablement suspendues, sont pourvues chacune de tout le nécessaire désirable.

F. BRACHET.

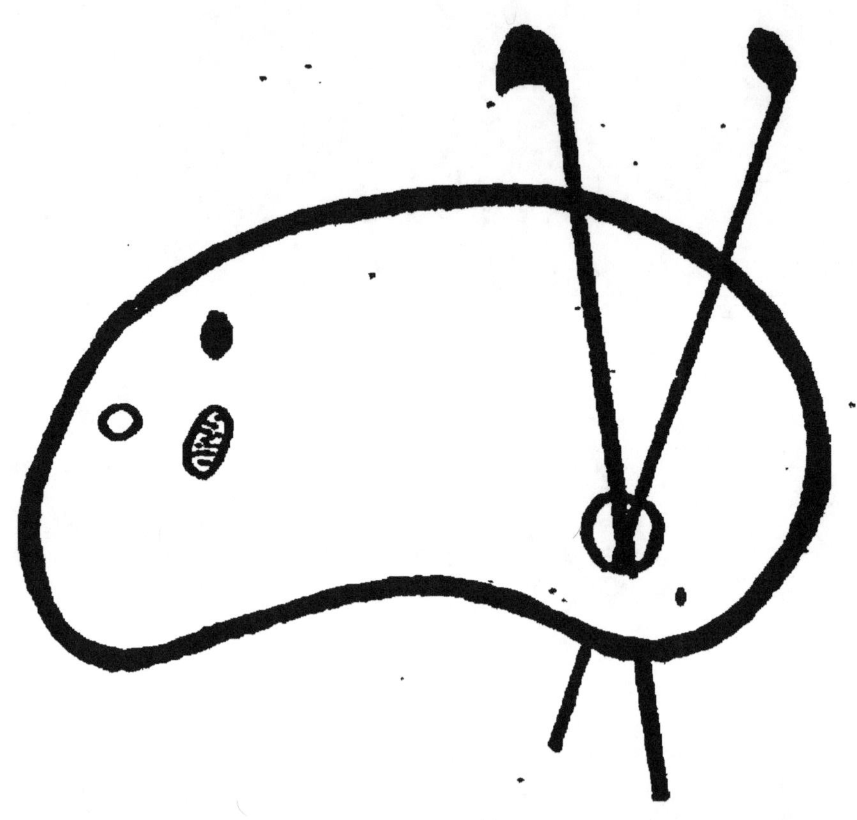

ORIGINAL EN COULEUR

NF Z 43-120-8

www.ingramcontent.com/pod-product-compliance
Lightning Source LLC
Chambersburg PA
CBHW051728050726
47598CB00003B/1087